为什么袋鼠会有育儿袋

有关动物宝宝的40个趣问妙答

[英] 珍妮·伍德/著　　谢　笛/译

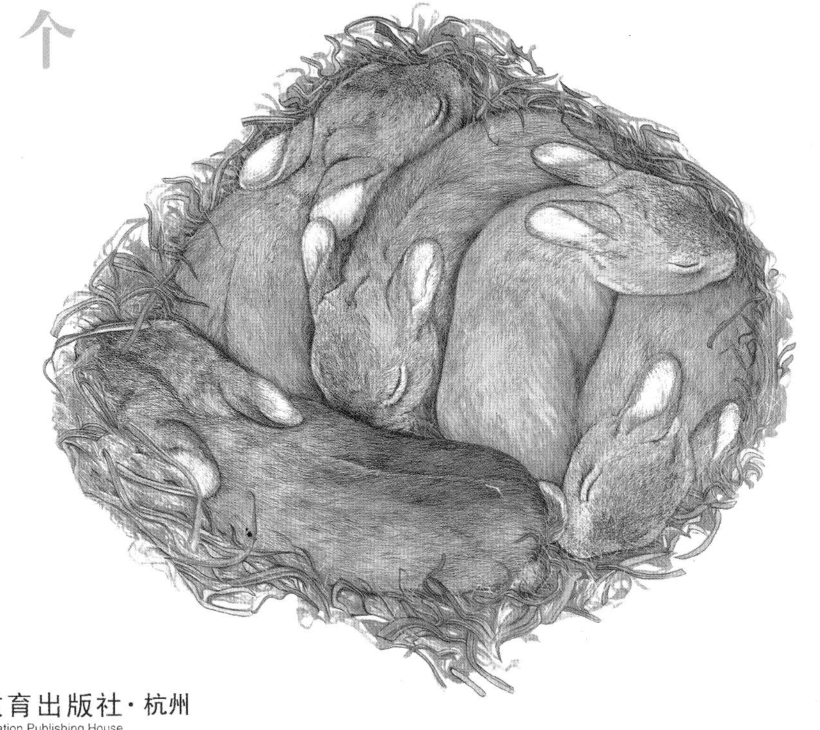

浙江教育出版社·杭州
Zhejiang Education Publishing House
全国百佳出版社

目录

哪种动物的妈妈是世界上最棒的

大猩猩宝宝的妈妈是世界上最棒的。在我们看来，成年大猩猩或许有点令人害怕，但它对自己的宝宝真是关怀备至，呵护有加。大猩猩妈妈会打扮它的宝宝，在宝宝出生的头3年细心哺育它，并在很长一段时期内为它提供保护和帮助。

大猩猩和黑猩猩、长臂猿以及红毛猩猩一样，是灵长类的一种。所有灵长类的妈妈都非常尽职。

哪种动物的妈妈是世界上最懒的

雌性欧洲杜鹃没有耐性照顾它的宝宝。这个懒妈妈在其他鸟类的巢中产卵，把孵蛋、养育小鸟的艰难工作交给其他鸟妈妈来做。

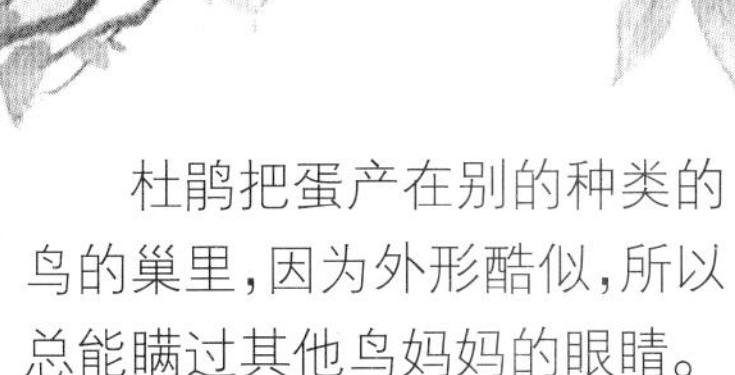

杜鹃把蛋产在别的种类的鸟的巢里，因为外形酷似，所以总能瞒过其他鸟妈妈的眼睛。

哪种动物会“囚禁”自己的宝宝

当犀鸟妈妈在树洞里孵蛋的时候，犀鸟爸爸会帮它堵住洞口。但犀鸟爸爸会留出一个大小和喙差不多的小孔，好给困在里面的犀鸟妈妈喂食！

树鼩是临时妈妈。它会离开巢穴中的宝宝，每隔一天出现一次，负责给宝宝喂食。

哪种动物的爸爸负责孵卵

海马妈妈把卵产在海马爸爸身上的育儿袋里。在小海马孵化出来游入大海之前，海马爸爸会一直把几百枚卵带在身上。

哪种动物用脚给蛋保暖

每年隆冬时节，帝企鹅妈妈会产下一枚蛋，并让企鹅爸爸为其保暖。一直到早春蛋孵化出来为止，企鹅爸爸都会把蛋放在自己的脚背与羽毛之间。

棘鱼爸爸负责照看自己的宝宝。如果棘鱼宝宝想逃离巢穴，棘鱼爸爸会用嘴抓住它并将它吐回家。

哪种动物的爸爸有一个海绵状的胸膛

沙鸡生活在干旱的非洲、亚洲和南欧的沙漠地区。当缺水时，沙鸡爸爸就会飞行上百千米，找到一个小池塘或者水坑，用羽毛汲满水，然后飞回巢穴，让口渴的宝宝们好好地喝上一顿，恢复活力。

许多动物爸爸不会抚养自己的宝宝。它们中的大多数在宝宝出生前就会离去。

为什么袋鼠会有育儿袋

对宝宝的成长来说，育儿袋是一个安全的地方。刚出生的袋鼠宝宝只有花生那么大。它会挣扎着穿过袋鼠妈妈的皮毛，钻进温暖的育儿袋。袋鼠妈妈会给自己的孩子喂奶，让它在育儿袋里成长。

只有袋鼠妈妈才有育儿袋。袋鼠爸爸不负责抚养宝宝，所以它们根本不需要一个口袋！

哪种动物总是依附于妈妈

狐猴宝宝在出生的头7个月一直骑在妈妈的背上。当妈妈在丛林间飞快地跳跃穿行时，它们会用腿紧箍在妈妈的身上。

哪种动物宝宝会被妈妈叼着脖子带来带去

和所有的猫科动物一样,美洲豹妈妈会用嘴衔着幼崽的脖子,把它提起来。幼崽的皮肤松松垮垮的,因此不会受到伤害。它会安静地待着,直到妈妈温柔地放它下来。

鳄鱼妈妈也会小心地用嘴含着它的宝宝,以免自己像剃刀一般锋利的牙齿咬伤它们。

哪种动物喜欢在水上旅行

䴙䴘(pìtī)宝宝通常会待在妈妈的背上旅行。但是其实它们并不需要这么做。它们的泳技十分高超，完全可以独自在水上畅游!

哪种动物的宝宝有许多婶婶

大象宝宝除了妈妈外还有许许多多的婶婶。那是因为大象生活在最多有 50 个成员的大家庭中。实际上，新生小象不但有许多婶婶，而且还有奶奶、阿姨和姐姐！

哪种动物的宝宝会在幼儿园生活

当河马妈妈外出觅食时，它会把宝宝交给一个保姆！

长耳豚鼠妈妈会把自己的宝宝留在地底下。为了确保宝宝们不孤单，许多豚鼠家庭会共享一个洞穴。当长耳豚鼠妈妈照看自己的小宝宝时，不仅会给它们喂食，也会顺便检查其他豚鼠宝宝是不是安全。

长耳豚鼠生活在南美洲。豚鼠妈妈从来都不会进洞找它的宝宝。它对着洞穴吹口哨，豚鼠宝宝便会蹦蹦跳跳地跑出洞外。

哪种动物有最大的幼儿园

蜜蜂也有幼儿园。卵在蜂巢中一个特别的地方孵化。

美国的布兰肯洞穴是超过2,000万只蝙蝠的家。蝙蝠妈妈把它们的宝宝留在育儿所里，让它们挤在一起取暖。小蝙蝠们密密麻麻地挤在一起，在门垫那么大的地方就有近1,000只小蝙蝠。

蝙蝠妈妈的听觉十分敏锐，它能从上百万只小蝙蝠的叫声中分辨出自己的宝宝。

鸟蛋里有什么

一些鸟蛋不会得到孵化的机会，饥饿的掠食者会吃了它们。

鸟蛋里有三样东西——鸟宝宝、卵黄和蛋白。卵黄是生长中的宝宝的食物。蛋白也是食物，如果鸟蛋受到冲击，它也起到保护作用。

一些动物的卵孵化得很快，而另一些动物的卵孵化得很慢。家蝇宝宝的卵在 24 小时之内便会孵化，而几维鸟的蛋需要 3 个多月才能孵化出来。

鲸鲨的卵是世界上最大的——有橄榄球那么大。

鸟为什么要翻它们的蛋

为了让蛋的每个部分都能得到充分的热量，鸟类要时常翻它们的蛋。鸟宝宝的生长需要热量——这就是鸟爸爸或者鸟妈妈必须趴在巢里的原因。

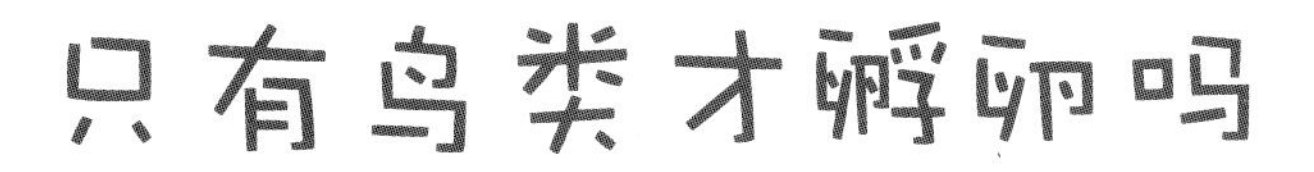

只有鸟类才孵卵吗

鱼类、蛙类、蛇类、乌龟、昆虫、蜘蛛——许多动物都会孵卵。这些卵的外形和触感千差万别。乌龟卵的形状和高尔夫球差不多，外表看上去柔软，实际上很有韧性。蝴蝶卵很小，并且通常会发光，如同亮晶晶的宝石。

毛毛虫出生时通常饥肠辘辘。它们会狼吞虎咽地吞食自己的卵壳。

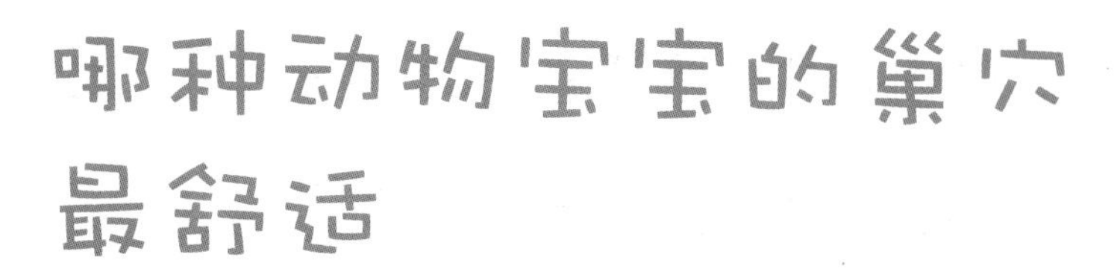

兔宝宝拥有一个舒适的巢穴。它们的妈妈把家建在洞穴里，用干草铺成一个垫子，然后把自己的软毛盖在上面。

哪种动物的宝宝在雪堆底下出生

北极熊宝宝出生在妈妈亲自挖掘的雪地深处的巢穴中。巢穴中到处充盈着温暖的空气，在这里过冬是再好不过的了。

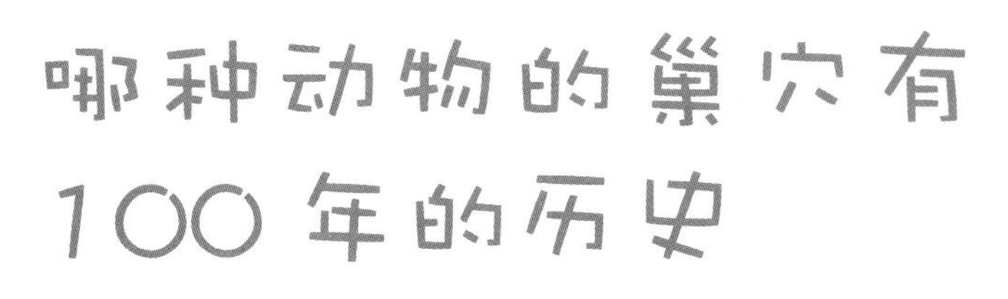

蜂鸟的巢穴和胡桃差不多大。它是用蜘蛛丝、青苔、花瓣和植物纤维建造的。

哪种动物的巢穴有100年的历史

年复一年，美洲秃鹰会飞回同一个巢穴。它们先对巢穴稍作修缮，然后孵蛋。一些鸟巢存在的时间已经超过100年了，其体积与重量超过了一辆车。

在美国，有一对啄木鸟夫妇在宇宙飞船上筑巢。但它们并没有和巢穴一起飞上太空！

哪种动物的家是个大泡泡

沫蝉宝宝通常被叫作“吹泡虫”，这是因为它们在出生后不久就会像变魔术般地吹出一个大气泡。它们藏在气泡中进食和生长。

哪种动物有世界上最大的宝宝

蓝鲸宝宝是一个庞然大物，总重达到3,000千克——相当于1,000个人类婴儿的重量！它一出生，蓝鲸妈妈就会轻轻地把它推到海面呼吸第一口空气。

蓝鲸宝宝的体长相当于5个潜水员的总和。

吼猴宝宝是尖叫冠军。它的哭声甚至能穿过整片茂密的雨林。

哪种动物有世界上最高的宝宝

长颈鹿宝宝约有2米高——比大多数成年人都高。长颈鹿妈妈更高，它们是站着生小孩的。新生儿的脚先着地。哦！真是好长的一段下落过程呀。

哪种动物的宝宝最难看

动物宝宝中最难看的恐怕是秃鹫宝宝，它们长着大铁钩似的喙，头和脖子光秃秃的。不过，它们的爸爸妈妈也不漂亮。

为什么大熊猫通常一次只生一胎

大熊猫妈妈为了它的幼崽要付出很多关爱与精力，因此它一次只能照料一只幼崽。在生下小宝宝后的一年多时间里，大熊猫妈妈会照顾宝宝，以确保它能够活下来。

现存于世的大熊猫数量很少。为了能让大熊猫们见面——希望它们能够繁衍后代，动物园管理员会带着大熊猫满世界“相亲”。

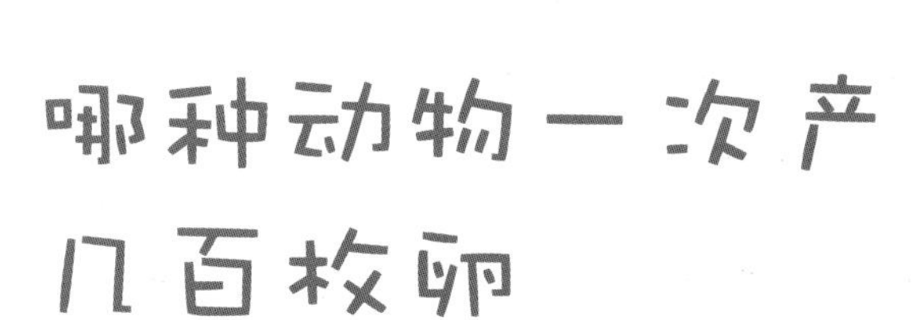

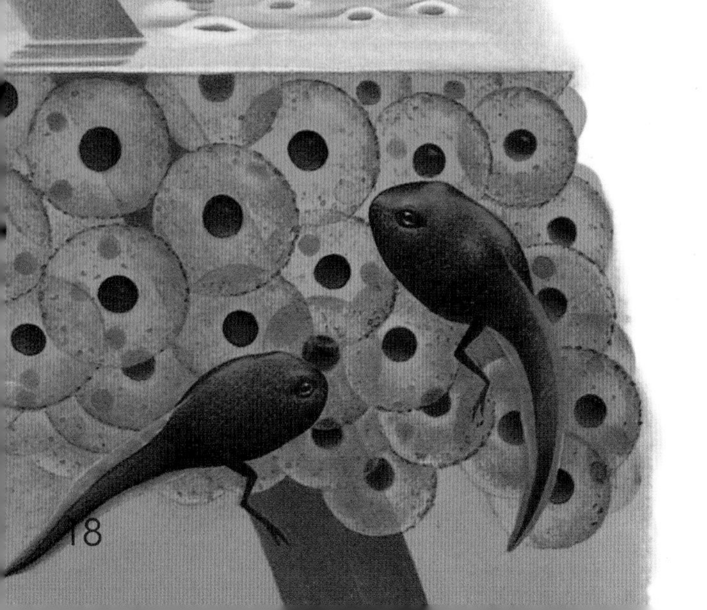

哪种动物一次产几百枚卵

大多数青蛙妈妈和蟾蜍妈妈在被称为卵块的大气泡团里一次产几百枚卵。许多卵会被天敌吃掉，但是它们中总有一些会幸存下来并孵化成蝌蚪。

大砗磲(chēqú)也许拥有世界上最为庞大的家族。每年大砗磲妈妈都会产下至少数十亿枚卵！

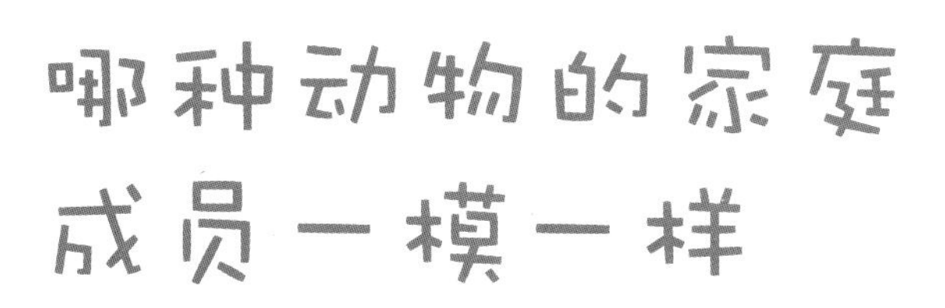

哪种动物的宗庭成员一模一样

九绊犰狳妈妈一次生四胞胎。这是因为妈妈体内的一枚受精卵会一分为四，并各自发育生长成一模一样的胎儿！

信天翁妈妈两年仅产一枚蛋。小信天翁要爸爸妈妈照料10个月左右才能学会飞翔，并独立生活。

哪种动物的宝宝喝含有最多乳脂的奶

为了能让妈妈有空去寻找食物，小海豹必须快速成长。仅仅给海豹宝宝喂食就需要 3 周的时间——如果 3 周以后海豹妈妈再不出去寻找食物，它就会饿死的！

格陵兰海豹妈妈的奶十分浓厚，看上去更像是蛋黄酱而不是奶。海豹奶的乳脂含量是牛奶的 12 倍，营养丰富。当小海豹进食时，你甚至能看到它好像正在慢慢长大的样子呢！

许多小海豹出生在世界上最寒冷的地区，但是小海豹有由毛皮覆盖着的厚厚的脂肪层保暖，因此它们不会被冻死。

哪种动物的父母会把食物装在袋子里

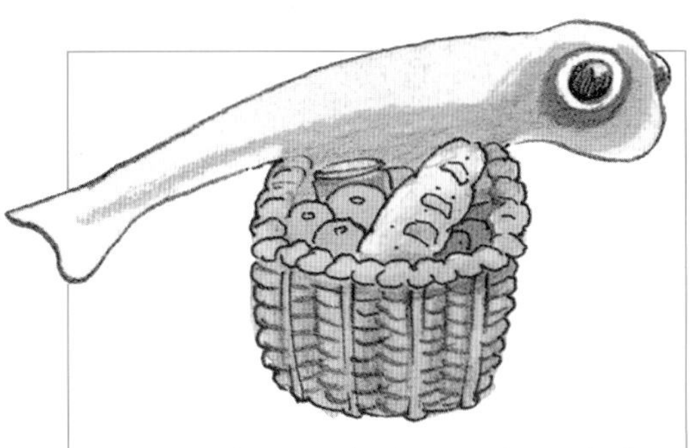

鲑鱼宝宝出生后全仰仗它自己的打包午餐！小鱼拥有一个和卵黄十分类似的食物袋，这使它能够好几个星期不进食。

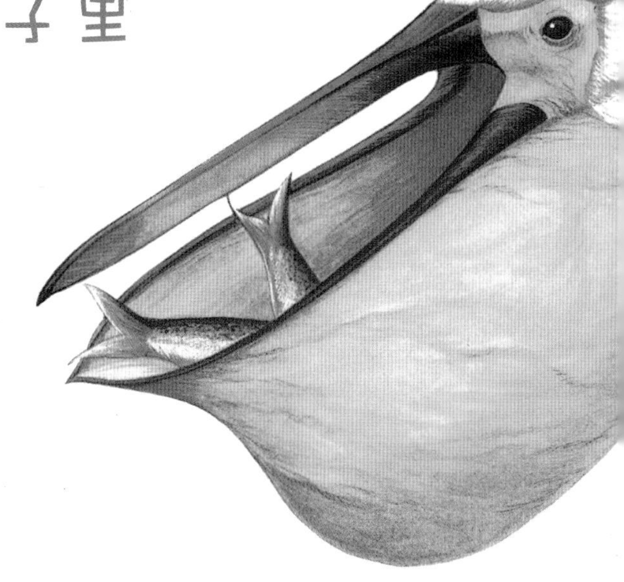

鹈鹕用它喙下袋状的皮肤来盛鱼。它会先连鱼带水吃进嘴里，再沥干袋中的水分，把鱼吞咽下去。当小鹈鹕需要进食时，鹈鹕爸爸妈妈便吐出一嘴的鱼。这真是太美味了！

多音天蚕毛虫宝宝在它出生的头56天会吃掉相当于自身出生重量86,000倍的树叶。如果用人类来类比的话，那就相当于一个人类宝宝吃掉6辆巨型载重货车装载的食物！

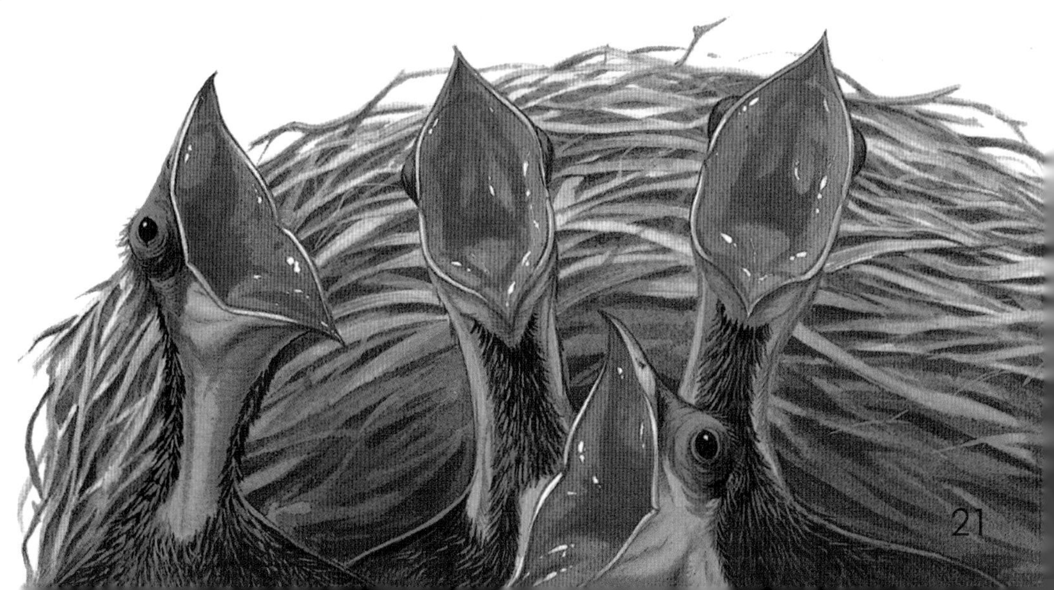

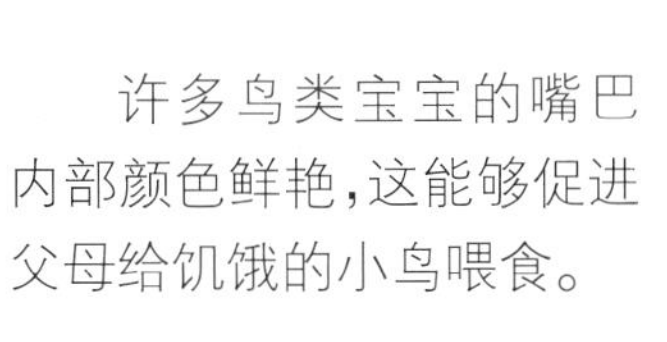

许多鸟类宝宝的嘴巴内部颜色鲜艳，这能够促进父母给饥饿的小鸟喂食。

狮子宝宝为什么喜欢追逐妈妈的尾巴

狮子宝宝十分贪玩，会扑向任何移动的物体——特别是它们妈妈尾巴末端的长毛。类似这样的游戏教会了狮子宝宝如何追捕猎物——当它们必须独自狩猎时，这是它们赖以为生的技能。

海獭知道怎样才能逗它们的宝宝开心。海獭妈妈会把宝宝扔到空中，然后接住它。

在动物宝宝的成长过程中，玩耍是它们学习各类重要技能的途径。

小鸭子为什么玩“跟着走”的游戏

一些动物的父母会教它们的宝宝如何使用工具。黑猩猩宝宝很快就能掌握用棍子挖白蚁的方法。

当小鸭子出生时，它们会紧跟见到的第一个运动的东西，这通常是它们的妈妈。在跟随妈妈的过程中，它们学会了游泳和觅食的方法。假如小鸭子们走散了，妈妈只需要叫唤几声，它们便会重新排成一队！

狗宝宝在什么时候进入成年期

毛毛

狗宝宝刚出生时什么都看不见，毫无抵抗能力，但两年后它便完全成年了。所有狗宝宝在出生时大小都差不多，所以成年时体形越小的狗，它成年所需的时间就越短！

2. 六周后，小狗开始探索这个世界。它会和兄弟姐妹一起玩耍打滚！

1. 出生大约两周后，新生小狗的眼睛和耳朵会打开，再过不久它就能走路了。

牛羚宝宝在它学会走路之前就会跑了！在小牛羚出生5分钟后，它就会在妈妈身旁小跑了。

虎宝宝在什么时候独立

虎妈妈会照顾它的宝宝，直到宝宝两岁，然后它会生下第二胎，这时它便不再照顾长子。这一点都不残忍——两岁的老虎已经成年，是自己照顾自己的时候了。

3. 到小狗完全成年的时候，它会长得健壮而活泼。充足的食物和适当的锻炼能帮助它保持健康。

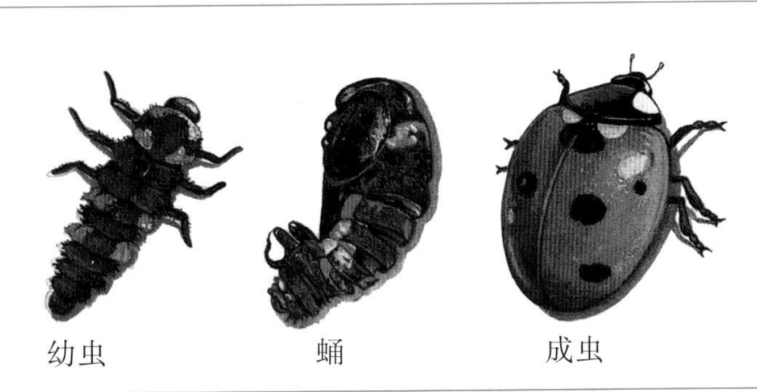

大多数昆虫在生长时会改变样子。瓢虫刚出生时是一只蠕动的幼虫，然后它会变成蛹。从表面上看，蛹好像没有什么变化，但在硬壳里面正发生着巨大的改变。当它破壳而出时，就是一只成年瓢虫了。

哪种动物的宝宝会躲在森林里

鹿宝宝站不稳，不可能跑得过饥饿的美洲狮或者野狼！所以当它感觉到危险时，小家伙便一动不动，直到危机过去。它皮毛上的斑点使它和林中的太阳光斑几乎融为一体,难以分辨。

哪种动物的宝宝藏在用角围成的圆圈里

当感受到威胁时，成年麝牛会在小牛周围围成一个圆圈。

它们彼此挨得很近,低垂牛角,面朝敌人,好像一排坚盾。只有饿得发昏的狼才敢进攻这座牛角城堡！

许多动物会发出噪声恐吓敌人。小穴鸮住在地上的洞穴中，当受到威胁时会发出类似于响尾蛇的声音。

哪种动物的妈妈会假装受伤

如果千鸟的巢穴受到掠食者的威胁，鸟妈妈会假装受伤。它会只拍打一只翅膀，或者虚弱地躺在地上拍动翅膀,远离巢穴。它这么做是为了让敌人认为它受伤了,很好抓。于是掠食者便会放弃它的宝宝,转而追逐它。

蝎子妈妈把刚出生的宝宝背在身上,保护它们。如果天敌靠近,它会把尾巴上的毒针高高举起。这个举动通常让敌人不敢靠近!

哪种动物的宝宝爱洗澡

猫妈妈从它的宝宝出生时就开始舔它们，为它们洗澡。它在新生小猫嘴巴周围用力地舔，以便让宝宝尽快喘气，开始呼吸。猫妈妈的舌头也可以弄干小猫的毛皮，从而给小猫保暖。

火烈鸟喜欢整理自己的羽毛，它们也同样喜欢整理自己宝宝的羽毛。它们啄掉污垢和小虫子，并且在羽毛上涂油脂。油脂是由它们的脂腺分泌的，能够让羽毛防水。

泥巴看起来似乎并不是用来洗澡的好东西，但没有什么比痛痛快快地洗一场泥巴浴更让河马宝宝喜欢的了！不管你信不信，泥巴能够保护河马的皮肤不被阳光晒伤，同时能够保持皮肤柔软。

哪种动物喜欢整洁

狒狒会确保它们的宝宝身体整洁。狒狒妈妈会慢慢地分开宝宝的毛发，用它的手指一个部位一个部位地仔细挑拣。它会挑出皮屑、昆虫和污垢，并把能吃的全部吃掉！

马宝宝有时会咬它的妈妈，但这是在表示友好！马宝宝通过咬的动作让它的妈妈用鼻子爱抚它，并为它整理皮毛。

哪种动物宝宝的巢穴最干净

许多动物会时刻让它们宝宝的巢穴保持干净整洁，其中獾是最爱干净的！成年獾定期用新鲜的干草和树叶装饰它们的巢穴。它们甚至会在离巢穴较远的地方挖洞，作为整个家庭的厕所。

小羊羔如何找到它的妈妈

多数鲸和海豚会用“咔嗒”声或其他声音和它们的宝宝交谈。座头鲸的宝宝永远都不会迷路，因为它能够从 185 千米远的地方听到妈妈的声音！

绵羊妈妈和它的小羊羔有时会在羊群中走散。多数小羊羔看上去一模一样，但是每一只都有其独特的叫声。每个绵羊妈妈都熟悉自己宝宝的叫声，在羊群中很容易就能找到自己的孩子。

麋鹿妈妈会从宝宝的身后轻推它。这个动作是在告诉小麋鹿：即使在感觉筋疲力尽的时候都必须一直前进！

哪种动物的宝宝调皮时会挨揍

当大象宝宝调皮的时候，它的妈妈会用鼻子狠狠地惩罚它。小象马上学会了应该做什么，不应该做什么！但是大象妈妈也会用鼻子爱抚它的宝宝以及象群中的其他小象。这是母爱的象征。

狼宝宝通过模仿它们父母的声音学习嗥叫。

海牛会用鼻子轻轻爱抚它的宝宝。为了不让宝宝被洋流冲走，海牛妈妈还会用鳍肢抱着它。

图书在版编目（CIP）数据

为什么袋鼠会有育儿袋 / (英) 伍德著 ; 谢笛译.
-- 杭州 : 浙江教育出版社, 2013.10
（我想知道为什么）
ISBN 978-7-5536-1160-0

Ⅰ. ①为… Ⅱ. ①伍… ②谢… Ⅲ. ①有袋目－少儿读物 Ⅳ. ①Q959.82-49

中国版本图书馆CIP数据核字(2013)第209184号

版权合同登记号　浙图字:11-2012-281 号

我想知道为什么
为什么袋鼠会有育儿袋
[英]珍妮·伍德/著　　谢　笛/译

责任编辑　蔡　歆
责任校对　赵露丹
责任印务　陆　江
出版发行　浙江教育出版社
（杭州市天目山路 40 号　　邮编 310013）
激光照排　杭州兴邦电子印务有限公司
印　　刷　杭州富春印务有限公司
开　　本　600 × 960　　1/8
印　　张　4
字　　数　40 000
版　　次　2013 年 10 月第 1 版
印　　次　2013 年 10 月第 1 次
标准书号　ISBN　978-7-5536-1160-0
定　　价　12.80 元
联系电话　0571-85170300-80928
电子邮箱　zjjy@zjcb.com
网　　址　www.zjeph.com